小牛顿 科学与人文

将科学的触角伸入更多领域，

内附科学视频

孙悟空为什么难灭火焰山的火？

故事中的天文地理

小牛顿科学教育有限公司 / 编著

中国出版集团 现代出版社

小牛顿 科学与人文

　　来自海峡两岸极具影响力的原创科普读物"小牛顿"系列曾荣获台湾地区 26 个出版奖项，三度荣获金鼎奖。"科学与人文"系列将"科学"与"人文"相结合，将科学的触角伸入更多领域，使科学更生动、多元、发散。全系列共 12 册，涉及植物、动物、宇宙、物理、化学、地理、人体等七大领域。用 180 个主题、360 个科学知识点来讲解，并配以 47 个有趣的科学视频进行拓展，扫描二维码即可快捷观看，利用多媒体延伸阅读。本系列经由植物学、动物学、天文学、地质学、物理学、医学等领域的科学家和科普作家审读，并由多位教育专家、阅读推广人推荐，具有权威性。

科学专家顾问团队（按姓氏音序排列）

崔克西　　新世纪医疗、嫣然天使儿童医院儿科主诊医师

舒庆艳　　中国科学院植物研究所副研究员、硕士生导师

王俊杰　　中国科学院国家天文台项目首席科学家、研究员、博士生导师

吴宝俊　　中国科学院大学工程师、科普作家

杨　蔚　　中国科学院地质与地球物理研究所研究员、中国科学院青年创新促进会副理事长

张小蜂　　中国科学院动物研究所研究助理、科普作家、"蜂言蜂语"科普公众号创始人

教育专家顾问团队（按姓氏音序排列）

胡继军　　沈阳市第二十中学校长

刘更臣　　北京市第六十五中学数学特级教师

闫佳伟　　东北师大附中明珠校区德育副校长

杨　珍　　北京市何易思学堂园长、阅读推广人

编者的话

童话故事除了有无限丰富的想象力，还可以带给孩子什么启发呢？如果看故事的同时，还能带领孩子探索科学奥秘，充实生活的知识与智慧，该有多好。

有没有想过《坚持不懈的愚公》故事里的愚公，真的能够把山铲平吗？天空上数不清的繁星，究竟是怎么来的呢？《火焰山》上的火焰为什么不会熄灭呢？其实，在小朋友耳熟能详的童话故事里，蕴藏着许多有趣的科学现象。

本系列借由生动的童话故事，引发儿童的学习动机，将科学原理活泼生动地带到孩子生活的世界，拉近幻想与现实的距离，让枯燥生涩的科学知识染上缤纷色彩。本系列分成动物、植物、物理、化学和地球宇宙等领域，让孩子在阅读过程中，对科学知识有更系统性的认识。透过本书一张张充满童趣的插图、幽默诙谐的人物对话、深入浅出的文字说明，带领孩子从想象世界走进科学天地。

通往知识城堡的旅程充满惊喜，还有小视频可以看哦！

48 牛郎和织女

44 聪明的谋士

40 星星的由来

52 两个太阳

36 盘古开天地

56 俄里翁和毒蝎子

60 无底洞

坚持不懈的愚公

在王屋山和太行山的山脚下住着一个大家族，老族长叫作愚公。由于邻近的小镇在山的另一头，因此每当愚公一家人有事想到镇上时，就得辛苦地翻越两座山才能到达。

在一个炎热的夏天，愚公翻过山头到镇上去拜访他的好朋友——智叟。智叟看着气喘吁吁的愚公，就对他说："哎呀，这条山路这么险峻，而你的年纪也越来越大，不如你们整个家族就搬到镇上来吧，也省去来回奔波的辛苦。"

愚公想了想，对智叟说："你说的是，但那间屋子是祖产，我也住了一辈子了，我怎么舍得离开它呢？既然有山挡路，那我就想办法将它们搬走。山搬走了，也就有了平坦的道路啦！"

智叟露出难以置信的表情，认为愚公被太阳烧坏了脑袋。没想到，当愚公回家后，立刻把子孙们招集起来，让每个人带上铲子和竹篓，开始了"移山"的工程。

智叟找到了愚公，劝道："靠着人力怎么可能把山移走呢？你们这样做太不明智了。"愚公却坚定地回答："山不会长高，但我们家族有世世代代的人。就这样一铲铲地挖，一簸簸地搬，总有一天，这座山会被我们铲平！"智叟听了，只能无奈地摇摇头走了。

掌管王屋山和太行山的两位山神听了愚公的话后，感到很害怕："要是山真的被铲平了，那我们不就无家可归啦？"

两位山神立刻向天帝求救。天帝听说了愚公的事情后，对愚公的恒心和毅力很是感动，于是派遣了两名力士，将王屋山和太行山移到了别处。这样一来，愚公一家人终于不需要再翻山越岭就能到小镇了，两位山神也能保住他们的家了。

大自然里的愚公——河流

山那么高耸、那么庞大，要想把它搬开，简直是不可能的任务。但其实在大自然中，的确有"愚公"时时刻刻、孜孜不倦地一点一滴在"移山"呢！那就是河流。当河流由高山流向海洋时，流水靠着本身的冲击力量，以及它所携带的"各种工具"，如沙子和小石头，就可以持续地挖掘河道两旁和底部的岩石，这种现象被称为"河流的侵蚀作用"。根据河流的"施工"位置，还可将河流侵蚀作用区分成"侧向侵蚀""下切侵蚀"以及"向源侵蚀"。侧向侵蚀可以让河谷越来越宽，下切侵蚀则让河谷不断加深，向源侵蚀使得河流变得更长。靠着流水这种一点一滴的侵蚀力量，原本高耸盘据的大山也不得不"让路"，于是，通往深山里的"天然通道"就这样形成了。人类就能利用这条天然通道进入僻远的深山地区，甚至可以沿着河谷修筑道路，缩短山两头的距离。如此说来，我们真该好好感谢河流这位自然界的愚公呢！

大自然的神秘真是超出我的知识所及啊！

河流侵蚀所产生的雕刻作品

　　河流的侵蚀力量可以雕塑出各种美丽作品，如峡谷、瀑布和曲流等。在山岳地带，由于河床的坡度较陡，河道也较狭窄，因此河流的下切力量很大，可以快速地让河谷变深而生成壮观的峡谷地形。有时，在支流进入主流的汇合处会出现瀑布，这是因为主流的下切力量大于支流，使得主流的河道比支流低，两条河道之间的高低落差就形成了瀑布。当河流进入平原地区，由于坡度变缓，因此河流会向两岸侵蚀而产生宽广的河谷。若是河流两岸的岩石软硬程度不同，则河流会往岩石较软的那一岸侵蚀，但却在岩石较硬的那一岸堆积新的沉积物，久而久之，河流就会变得弯弯曲曲的，被称为"曲流"。若是弯曲程度过大，河流会截弯取直，河水由取直部位直接流过，使原来弯曲的河道被废弃，形成"牛轭湖"。

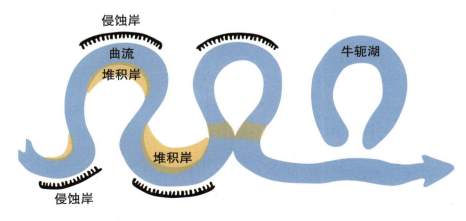

侵蚀岸　曲流　堆积岸　牛轭湖　堆积岸　侵蚀岸

形成曲流的条件是河流两岸所遭受的侵蚀力量不同。若一侧河岸遭受较大程度的侵蚀，而另一侧河岸以堆积沉积物为主，就会产生弯弯曲曲的河流。当河流弯曲程度过大，其中一段河道就会脱离主河道而成为牛轭湖。

葡萄园里的宝藏

　　一座山下住着一位老农夫，他有三个儿子。老农夫拥有一片美丽的葡萄园，每年都会长出甜美多汁的紫红色葡萄，供养着老农夫一家人的生活。

　　老农夫的年纪渐渐大了，没有力气再到葡萄园里工作，可是他的儿子们都好吃懒做，不愿意帮忙照顾葡萄园。于是，葡萄园就日渐荒废了。

　　老农夫终于到了离开人世的那一刻，他把三个儿子聚集到床边。

　　"孩子啊，我快要走了，可是我却放心不下你们。这几十年来，我靠着卖葡萄累积了一个宝藏，我将它们埋在了葡萄园里，将来你们若是生活困苦，就把这宝藏挖出来用吧。"

　　儿子们料理完父亲的丧事后，立刻迫不及待地拿起锄头，跑到葡萄园里到处挖宝。三个儿子努力地挖掘，可是一直将葡萄园的土都翻了三次了，儿子们还是没找到父亲所说的宝藏。

"天啊！这是怎么回事？难道父亲记错了位置？"三个儿子终于累坏了。他们决定放弃挖土，去家里的其他地方找找看。

第二年，这笔钱还是没被找到，可是葡萄园里却结出了硕大的葡萄。原来，经过三人的努力挖掘，葡萄园里的肥沃土壤都被翻出来了，因此葡萄树获得了养分，也就长出了甜美的果实。

三兄弟兴奋地把葡萄拿去卖，因此赚了一大笔钱。

老三开心地说："两位哥哥，虽然我们没找到宝藏，但把土壤翻松显然是正确的。"

老二也说："是呀！这满园子的葡萄，不会就是父亲所说的宝藏吧？"

老大感叹道："原来父亲是要我们明白，辛苦耕作才能获得丰硕成果。今后我们一定要好好努力，共同经营父亲留下的这座葡萄园！"

土壤从哪里来？

孕育万物的土壤原本只是一块块的岩石。这些岩石日复一日地吸收并放出太阳的热量，于是岩石表面不断地膨胀又收缩，渐渐产生了许多裂缝。岩石裂缝经过风霜雨雪的侵袭，最终会崩裂成小碎片。随着各种动物、植物和细菌的进驻，小碎片又进一步被破坏成更细小的碎屑物质。如植物的根部释放出酸性物质，将矿物溶解；动物的活动让碎屑物质更为松散；而细菌则分解死亡的动植物，释放出各种养分。于是经过了千万年的时间，原本坚硬的岩石终于变成了松软的土壤了。这一连串反复的过程被称为"土壤发育"，而土壤最后会长成什么样子及呈现出哪种颜色，跟岩石种类及土壤发育时所遭遇的气候、地形和时间有关。

黑土含有大量的腐植质和磷、镁、钙等矿物质，在农业上属于一种优质的土壤。

山西李家山村的古窑洞

黄土在干燥后具有极佳的强度，能保持直立而不易塌陷，因此生活在中国北方黄土高原地区的居民就挖掘窑洞作为居所。

辛勤工作完的感觉真棒！

切开土壤来看看

由表土往下挖掘，可以发现土壤呈现出一层层像蛋糕一样的构造。这是因为土壤中的矿物质和有机质会随土壤中的水分向下移动，导致土壤各层的组成物质不太一样，因此出现了层状构造。一个发育成熟的土壤剖面可以被分成三个层次："A层"又称为"表土层"；"B层"又被称为"心土层"或"淀积层"；"C层"又被称为"底土层"。

表土层含有大量有机质，而矿物则被土壤水往下带到心土层堆积。有时在表土层上方会出现一层松散的有机层"O层"；而表土层和心土层之间偶尔会出现颜色较浅的淋溶层"E层"，算是两层间的过渡地带。心土层之下的底土层是碎石块和土壤的混合层，再往下就会见到坚硬的岩石，被称为"底岩层"或"R层"。

扫一扫，看视频

土壤剖面图

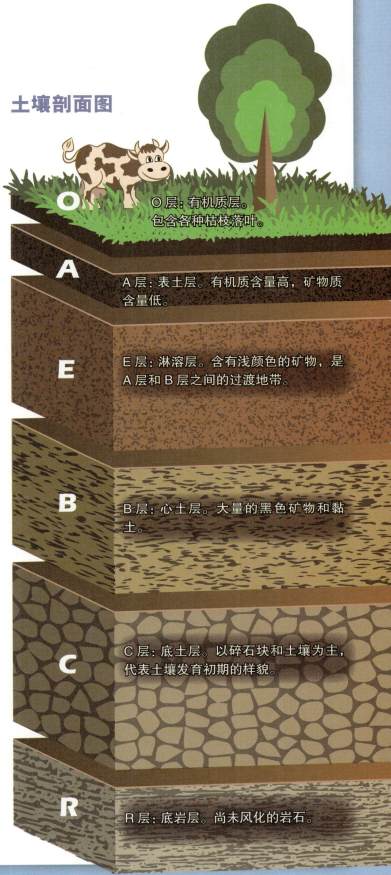

O层：有机质层。包含各种枯枝落叶。

A层：表土层。有机质含量高，矿物质含量低。

E层：淋溶层。含有浅颜色的矿物，是A层和B层之间的过渡地带。

B层：心土层。大量的黑色矿物和黏土。

C层：底土层。以碎石块和土壤为主，代表土壤发育初期的样貌。

R层：底岩层。尚未风化的岩石。

蛇发女妖

希腊的一座海岛上住了一位女妖墨杜萨。由于得罪了战神雅典娜，墨杜萨的头发被雅典娜变成毒蛇，因此墨杜萨又被称为"蛇发女妖"。蛇发女妖墨杜萨的怨恨让她拥有了强大的法力，只要有人胆敢直视她的双眼，就会立刻被变成石像。国王为了除掉这个妖怪，曾经派了许多人前往这座岛，但却没人能够活着回来。

有一天，一位勇士来到国王面前说："尊敬的国王，我名叫珀尔修斯，听说这附近有女妖肆虐。我决定试一试，希望能除掉这个危害一方的妖怪。"

　　国王听了很是高兴，立刻举行酒宴欢迎珀尔修斯，并吩咐手下安排好舰船，预备隔天护送珀尔修斯前往海岛。

　　当天夜里，一位女子来到珀尔修斯的寝室，她说："珀尔修斯，你不怕牺牲生命吗？墨杜萨可是很厉害的，凡是看到她的人都变成石像了。"

　　珀尔修斯没有丝毫的惧怕，他答道："只要能为民除害，我的生命算不了什么。"

　　女子说："你能有这样的勇气，真是了不起。其实我是掌管智慧及战争的女神雅典娜，我决定协助你完成任务。"

　　雅典娜给了珀尔修斯一顶帽子、一双有翅膀的靴子，和一面光滑的盾牌，说："这是冥王的隐身帽，能让你无声无息地进入墨杜萨的巢穴；穿上这双飞天靴，你就可以到任何你想去的地方；靠着这面盾牌，你就不需要直视墨杜萨就能看见她的行踪。"

　　于是，珀尔修斯穿戴上飞天靴和隐身帽，悄悄地潜入了墨杜萨居住的地方。珀尔修斯听从了雅典娜的建议，使用盾牌作为镜子，倒退着走入了墨杜萨的卧房。他发现墨杜萨正在睡午觉，就拿出宝剑从背后砍下了墨杜萨的脑袋。就这样，英勇的珀尔修斯完成了任务，他的义行也获得了国王和每位国民的称赞。

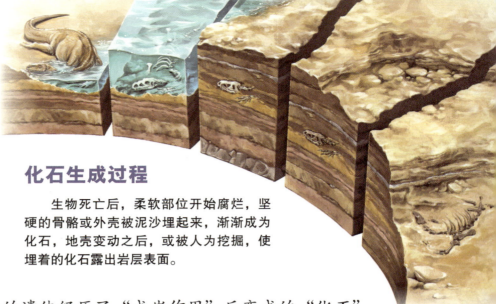

把生物变成石头

当我们去逛古生物博物馆的时候，常常可以看到石化了的动植物，难道它们也是被墨杜萨施了魔法的"受害者"？其实，这是动植物的遗体经历了"成岩作用"后变成的"化石"。

化石生成过程

生物死亡后，柔软部位开始腐烂，坚硬的骨骼或外壳被泥沙埋起来，渐渐成为化石，地壳变动之后，或被人为挖掘，使埋着的化石露出岩层表面。

当生活在地球上的动植物死亡后，它们的遗体就开始腐化，也就是遗体中柔软的部分被其他动物或细菌给吃掉了，剩下的坚硬部位，如骨骼、外壳、枝干或叶脉，则渐渐被泥沙掩埋了。经过了几百万年，越来越多的泥沙覆盖在上面，动植物的残骸连同其周围的泥沙被越埋越深，渐渐成为坚硬的石头。这种由泥沙或动植物遗体变成石头的一连串过程就是成岩作用，而存留在岩石中的古生物遗体、遗物或遗迹就是化石。在某些特殊的情况下，成岩作用发生的速度很快，快到遗体还没完全腐化就变成了石头。那么，某些柔软部位，如皮肤、毛发，植物的花、果也有可能成为化石哦！

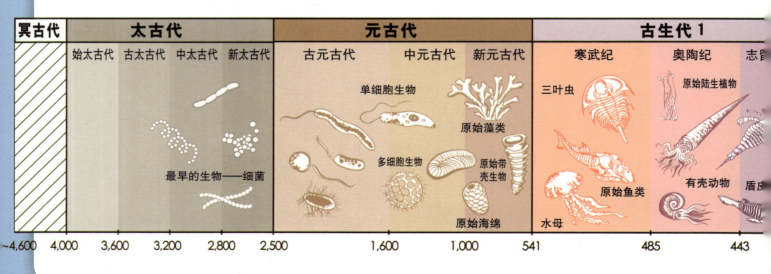

冥古代 | 太古代（始太古代 古太古代 中太古代 新太古代）| 元古代（古元古代 中元古代 新元古代）| 古生代1（寒武纪 奥陶纪 志留）

太古代：最早的生物——细菌

元古代：单细胞生物 多细胞生物 原始藻类 原始带壳生物 原始海绵

古生代1：三叶虫 原始鱼类 水母 原始陆生植物 有壳动物 盾皮

~4,600 4,000 3,600 3,200 2,800 2,500 1,600 1,000 541 485 443

有用的化石

从地球形成至今的漫长岁月中，曾有许多动植物出现并繁盛一时。但由于某些原因，它们从地球上永远消逝了。既然我们无法再看见它们，那么要如何知道并认识它们呢？所幸，依靠成岩作用，这些动植物的外观，甚至是体内的细微结构有机会变成化石被保留了下来。因此，我们可以知道地球上曾有过这种生物，也可以从它们的特征了解它们的生活方式和生长环境。此外，化石也可以揭示动植物的演化历程，让我们能推测生命起源的时间，以及谁和谁是亲戚。利用某一群动植物同时出现或同时消失的时间，科学家还能帮地球补写历史，于是我们知道三叶虫曾在地球上称霸了 3 亿年之久；而恐龙则出现于约 2.5 亿年前的三叠纪早期，消失于约 6500 万年前的白垩纪末期。

蜻蜓的化石

看到我的眼睛，你就准备变石头吧！

扫一扫，看视频

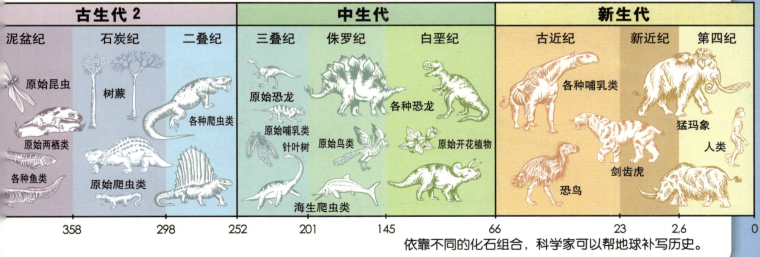

古生代 2			中生代			新生代		
泥盆纪	石炭纪	二叠纪	三叠纪	侏罗纪	白垩纪	古近纪	新近纪	第四纪

原始昆虫

树蕨

各种爬虫类

原始恐龙

各种恐龙

各种哺乳类

原始哺乳类
针叶树

原始鸟类

原始开花植物

猛玛象

人类

原始两栖类

原始爬虫类

剑齿虎

各种鱼类

海生爬虫类

恐鸟

| 358 | | 298 | 252 | 201 | 145 | 66 | | 23 | 2.6 | 0 |

依靠不同的化石组合，科学家可以帮地球补写历史。

小松鼠上学去

明天，小松鼠就要到学校上学了，这原本是一件好事，不过小松鼠就是开心不起来。妈妈问小松鼠说："为何你看起来好像不太开心呢？不想去上学吗？"

"不是呀！是因为我们家和学校之间隔了一片大沙漠，要走上一天一夜才能抵达，我从来没有自己穿越过沙漠呀！"

松鼠妈妈微笑道："原来你在担心这件事呀！我早就请村里的骆驼先生来载你过沙漠了。"

小松鼠开心地跳起来抱住妈妈，"耶！谢谢妈妈，总是替我想得周到。"

第二天一大早，骆驼先生和小松鼠开心地出发了。小松鼠骑在骆驼先生的背

上，享受着夏末的暖阳和微风。

没想到，到了中午，天气越来越热了！小松鼠不断地喝水，还是觉得口渴。到了傍晚，气温降得很快，小松鼠又赶紧拿出大衣穿在身上。"骆驼先生，沙漠的白天和夜晚也相差太多了吧。"

骆驼先生笑道："原本就是这样的，一下热一下冷，习惯就好。"

夜晚，正当他们要就寝时，骆驼先生突然对小松鼠说："快快！快躲到我的身体下，沙暴要来喽！"

小松鼠赶紧躲了起来。一会儿，暴风就卷着漫天的沙子刮了过来，小松鼠害怕得连眼睛都不敢睁开。等风暴过去后，骆驼先生抖了抖身上的沙子站了起来。小松鼠心有余悸，边发抖边说："太可怕了！还好有你，不然我不知道被吹去哪儿了。"

骆驼先生拍拍小松鼠的头表示安慰，两个人就挤在一起睡了。

隔天，吃过早饭后，两人又继续赶路。终于在中午以前到达了学校。小松鼠感激地说："谢谢您，骆驼先生！要是没有你，我根本不可能走到学校。"

"别客气。"骆驼先生笑了笑，"你要好好念书，放寒假时我再来接你。"

无边无际的沙海——沙漠

　　人们将地面完全为沙所覆盖，缺乏流水，气候干燥，植物稀少的地区称为沙漠。全球的沙漠主要分布在热带地区和温带地区，前者如非洲的撒哈拉沙漠，后者如中国的戈壁。沙漠中最特别的景象就是连绵不绝的沙丘，放眼望去简直就像无边无际的沙海。不过，由于经常受到风的吹袭，这些沙丘的形状和大小总是不断地变化。有一些沙丘甚至大到需要花一个星期时间才能翻越过去呢！沙漠虽然干燥，有些地方仍然有地下水冒出，因而形成一片绿洲。生活在绿洲中不仅不用担心饮水的问题，甚至还可以种植树木和农作物，因此这里是沙漠中最适合人们居住的地方。有许多跨越沙漠的贸易网络也都是沿着绿洲而发展起来的。

沙漠玫瑰石

　　玫瑰石是方解石、石英、石膏的共生结晶体，外观类似玫瑰，是沙漠中特有的石头。

沙漠的日夜温差

　　沙漠的冬、夏季温差很大，温带地区的沙漠在冬季时的平均气温可低到 −20℃以下，而夏季气温则在 30℃以上，冬、夏两季的温差高达 50℃左右。与季节温差相比，沙漠的日夜温差更是可观。中国吐鲁番盆地白天的最高温度曾达到 82℃，而入夜后温度又低于 0℃，仅一天内的温度差就高达 80℃。因此，在吐鲁番盆地有句俗语说："朝穿皮袄午穿纱，抱着火炉吃西瓜。"描述的正是日夜温差大的沙漠气候。沙漠的日夜温差为什么会这么大呢？这与沙漠缺水有很大的关系。空气中若是饱含水汽，则在白天时可以阻挡太阳辐射直接照射地面，防止地表过热；到了夜间则可将地面散失出来的热量保持住，使气温不至于骤然降低。沙漠缺乏水汽，白天时太阳的热量可以直接到达地面，而日落后地面的热量又很快地流失掉，因此才有如此大的日夜温差。

我有长长的睫毛和可以关闭的鼻孔，让我不怕沙暴哦。

沙暴

　　沙漠中刮起一阵大风，往往伴随飞沙走石的景象。轻者遮蔽视线，严重时则会被沙尘所覆盖。

沙滩上的珍珠

　　有一位年轻人一直找不到适合自己的工作，心灰意懒之下，他决定到沙滩上去散心。走着走着，年轻人不禁悲从中来，"唉！"他叹了一口气，"这个世界对我实在太不公平了，我的学历好，品格也不错，为何就是没有人赏识我？"

　　正当他胡思乱想的时候，一位老渔夫走了过来。他看见年轻人脸上流露出的悲伤，就问道："小伙子呀，为何一个人在这里唉声叹气？"

　　年轻人看着老渔夫好一阵子，才说道："怀才不遇啊！像你这样自给自足的打鱼为生，说不定还比我快乐呢！"

聪明的老渔夫一听就明白了年轻人的烦恼，他微笑着从地上捡起一粒沙子。"你看好，这是一粒沙子，记住它的特征唷！"年轻人看了看，点点头。

忽然，老渔夫将手中的那粒沙子丢回海滩上。"现在，请你找出刚刚那粒沙子给我。"

年轻人疑惑地看着老渔夫。"这怎么可能呢？要找到何年何月啊？"

老渔夫没有回答年轻人的问题，又从口袋里拿出一颗珍珠。"那么，这里有一颗珍珠，我把它丢在海滩上，你能不能找出来呢？"

年轻人立刻回答："当然可以！"

老渔夫问道："为什么你无法找到一粒沙子，却能找到一颗珍珠呢？"

年轻人觉得不可思议，他对老渔夫说："这不是很简单的道理吗？沙滩上的沙子这么多，要在一堆沙子中找到一粒沙子谈何容易。但珍珠只有一颗，又大又圆，当然很容易就找到啦。"

老渔夫微笑道："这就对啦，你现在还只是一粒沙子，看起来和其他年轻人没什么不同，所以不能要求别人马上认出你。可是，等经过磨炼后，当你成为一颗珍珠时，别人就可以马上看出你的珍贵啦！"

沙子从哪里来

河流两边和底部的石头经常会受到河水的侵蚀，久而久之，石头就会掉落到河里而被流水带走。这些石头在顺流而下的过程中，会与河边或河流里的其他石头不断地碰撞，于是，大石头就裂开变成小石子或沙粒。随着水流的速度慢慢减弱，不同重量的小石子会在沿途各站停留下来，而沙粒则可到达下游地区。有些沙粒会淤积在河道中间形成"沙洲"；有些沙粒到了出海口就成了"三角洲"；有些沙粒则流到海里，却又被海浪给打了回来，就在海边形成"沙滩"。

将沙子拿到显微镜下观察，会发现沙子有各种颜色，但大部分的沙子都是半透明的。这是因为构成沙子的主要成分是"石英"。石英是地球表面上一种常见且相当坚硬的矿物，因此能抵抗河水的侵蚀力量，顺利地到达海边。

在海滩上，有时候可以找到一种星星形的沙子，被称为"星沙"。星沙其实是海里一种小动物"有孔虫"的外壳。

各式各样的沙丘

我一定要成为一颗明亮的珍珠！

沙滩上的沙子被晒干后，有些沙子会被风吹走并飘散到各处。当这些沙子落地后，就会堆积成各种不同的小丘，被称为"沙丘"。沙丘并不是固定不动的，只要有风不断吹拂，沙丘就会沿着风吹的方向移动。沙丘的形状和大小跟许多因素有关，如风的方向和大小、沙子供应量、地形以及植被覆盖状况。"新月形沙丘"的"丘尖"指向下风处，且多半发生在植物稀少、风速中等、沙子供应量少的地方。"抛物线形沙丘"出现在植物较多的海滩上，它的丘尖指向上风处，这是因为抛物线丘的中央部位移动较快，但两翼受到植物阻碍因此移动较慢。"纵沙丘"和"横沙丘"多半发生在风速强劲且沙子供应足够的平坦地面上，横沙丘呈现波浪状，它的一条条"沙脊"和风向垂直相交。纵沙丘的沙脊则和风向水平，且通常可以延展到数公里远。

各式沙丘分类

新月形沙丘

丘尖

抛物线形沙丘

丘尖

横沙丘

纵沙丘

火焰山

唐僧师徒四人为了到西天取经，旅途中经历了许多磨难。有一天，他们来到火焰山的山脚下，发现这座山不断地在燃烧，根本无法过去。

孙悟空把土地神找来。"这火焰山地面归你管，你带我们师徒过去吧！"

土地神一脸尴尬。"大仙，我的法力低微，连我自己都无法靠近这座山。要想过去，除非跟铁扇公主借来芭蕉扇，把火吹灭。"

孙悟空立刻前往芭蕉洞找铁扇公主。没想到，铁扇公主一看到孙悟空就发怒："臭猴子，你居然敢来这里借扇子！上回你痛打了我的红孩儿，我还没找你报仇呢！"话一说完，铁扇公主就拿出扇子大力一挥，把孙悟空吹了个老远。

孙悟空锲而不舍，向灵吉菩萨讨了一粒"定风丹"后再去借扇子。

铁扇公主看见孙悟空再次登门，冷笑一声："野猴子，还想再飞一次呀？"没想到，这一次不管铁扇公主如何用力挥扇子，孙悟空却一动也不动。铁扇公主无奈之下，只能将扇子借给他。

孙悟空开心地回到火焰山下，拿起扇子就对着满山大火扇去。"奇怪！怎么这火非但不熄灭，反而越烧越旺。不好！火快烧到我的屁股了！"孙悟空丢下扇子赶紧逃跑了。原来，这是一把假扇子。

有一天，牛魔王来到了芭蕉洞。"美丽的爱妻，听说唐僧师徒到了火焰山，你可千万别把扇子借给他们。"

铁扇公主说："还说呢，那只孙猴子已经来过两次了，都被我打发走了。"

牛魔王说："是吗？你还是要小心哪，那猴子古灵精怪，武功又高强。我看不如你把扇子交给我保管。"

于是，铁扇公主就把扇子拿给了牛魔王。可是，这个牛魔王其实是孙悟空变的。就这样，孙悟空总算熄灭了火焰山的大火，师徒四人又得以继续向西天前进了。

火山的外形

好热哦，红孩儿帮我扇扇风。

来啦！

你见过火山吗？很多地方的特殊景观中，都有这种呈圆锥状外形的火山，如日本的富士山和意大利的维苏威火山。这种火山又被称为"成层火山"，意思是熔岩和火山灰喷发出来后堆积成一层一层的。还有一种火山拥有宽广的底部和缓和的山坡，看起来就像一面盾牌，因此被称为"盾状火山"。盾状火山是由流动性较高的岩浆从火山口漫流出来所形成，我们可以在夏威夷群岛看到盾状火山。

"裂隙式火山"的火山口是一道长长的线形裂隙，当岩浆喷发时就如同一面"火墙"，这类火山常见于冰岛和东非裂谷。另外还有一种小型火山被称为"火山穹丘"，看起来就像一个圆顶，且通常出现在层状火山附近，如火山口内或火山山坡上。美国的拉森火山和法国的多姆山都是这一类火山。

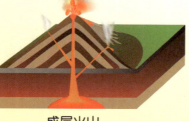

成层火山

裂隙式火山

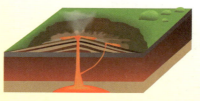

盾状火山

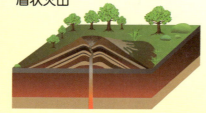

火山穹丘

火山具有各种外观，这与岩浆的性质有很大的关系。若是岩浆较黏稠，通常可以形成较高耸的火山，如"成层火山"和"火山穹丘"；反之，若岩浆流动性较强，则可漫流至广大的区域，形成较平坦的"盾状火山"。"裂隙式火山"经常出现在裂谷带，或成为盾状火山的一部分。

🔍 把火山切开看

　　雄伟的火山究竟是怎么形成的呢？拿一把很大的手术刀把火山切开来，就可以解答这个问题。由于地球内部的温度很高，因此有一部分石头呈现熔融的状态，称为"岩浆"。当岩浆聚集在一起，就形成"岩浆房"，也就是建构火山的"原料储藏室"。

　　随着岩浆越聚越多，多到储藏室再也装不下的时候，这些岩浆就必须找一个出口。于是，岩浆、火山灰和各种气体就从这个"火山口"突然喷发出来，也就是火山爆发了！历经好几次的火山爆发后，喷发出来的物质会慢慢在火山口周围一层层堆积下来，火山也因此越长越高。火山里面则出现了"火山筒"或"火山通道"，连接岩浆房和火山口。有时候，火山通道会出现"侧枝"，让部分岩浆从火山山坡上冒出来，于是就形成了"寄生火山锥"。

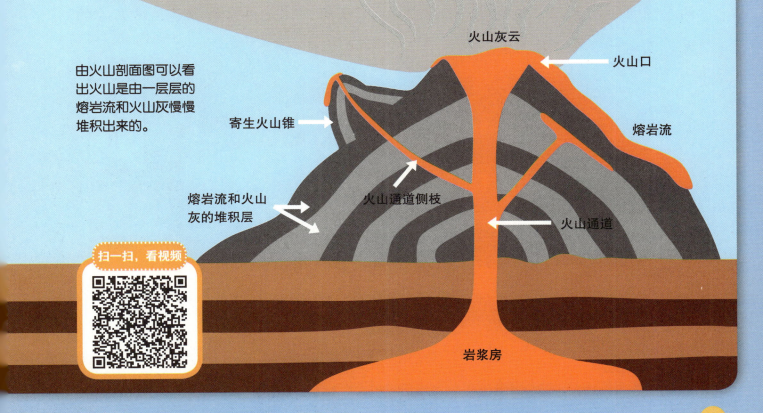

由火山剖面图可以看出火山是由一层层的熔岩流和火山灰慢慢堆积出来的。

火山灰云

火山口

寄生火山锥

熔岩流

熔岩流和火山灰的堆积层

火山通道侧枝

火山通道

岩浆房

扫一扫，看视频

雪童子

　　有一对心地善良的老夫妇一直渴望能有个小孩儿，但总是无法如愿。这年冬天的第一场雪过后，老爷爷坐在窗前望着白茫茫的原野，心里觉得很是无聊。"老伴啊，我们出去走走吧？"

　　老婆婆放下了手边的毛线。"外头那么冷！待在温暖的家里不好吗？"

　　老爷爷说："家里就我们俩，要是有个活泼的孩子，就不那么闷了。"

　　老婆婆安慰道："不然，咱们到院里用雪做个小孩儿吧。"

　　于是他们用雪堆了个小雪人，老爷爷从窗口就可以看到小雪人，想象这是自己的孩子在对着自己微笑。

　　之后，在一个暴风雪的夜晚，风雪正在呼呼地吹着，门口却传来了敲门声。两人惊讶地打开门，发现是一个小孩儿。"哎呀，你是谁家的孩子，这么冷的天，怎么一个人在外头？"

　　小孩儿回答："我迷路了，可不可以在你们家避一避呢？"

　　夫妇俩赶紧给他换了干爽的衣服，替他做了热腾腾的晚餐，又准备了一张温暖的床。也一直没有听说有人在找迷失的孩子，就这样，小孩儿住了下来。奇怪的是，院里的小雪人在暴风雪过后就消失了，夫妇想着可能是被风吹散了，也不是太在意。

　　三个人度过了开心的冬天。没想到，当天气越来越暖和时，夫妇俩发现小孩儿似乎生病了。"孩子啊，你怎么了，感觉好像越来越瘦，没吃饱吗？"

　　"老爷爷，老婆婆，别担心。其实我就是你们堆的那个雪人，看着你们这么想要小孩儿，我就幻化成人形来陪伴你们。现在冬天过去了，我也快要融化了，谢谢你们这个冬天对我的照顾。"

　　隔天早上，孩子果然不见了，只留下了空空的床。两位老人家虽然觉得相当不舍，但那段养育孩子的快乐回忆却永留心中。

雪的形成

　　雪的形成不是一件容易的事情，必须符合三个条件。第一个就是空气中有足够的水汽，水汽就是造雪的材料，没有了材料，雪也就不可能形成了。第二个条件是气温，当气温低于0℃，水汽才有机会变成雪，并保持雪的状态而不会融化。有些雪在高空中形成后开始落下，但在到达地面以前却因为温度增高而变成水，于是我们在地面上就只会看到下雨而不是下雪了。第三个重要因素是"冰核"，当它们出现在0℃以下的水汽团中时，就会吸引水汽附着在身上而长出"冰晶"。随着冰晶越长越多，重量过大就会落下而形成雪。气象学家们将天然雪花中的冰核取出来后，发现它们其实都只是一些普通的小小沙粒。由于这些沙粒很轻，因此可以在空中停留很久。一旦遇到适当的机会，就成了雪的制造者。

雪花的形成过程

1. 小小的沙粒出现在云中。

2. 水汽附着在沙粒表面，形成六角形的小冰晶。

3. 小冰晶不断长大，成为六角形的冰柱。

4. 冰柱的六个端点长出分支。

5. 分支末端再长出新的六角形冰晶。

千变万化的冰晶

当你把雪放在显微镜下观察，会发现构成雪的冰晶排列成美丽的六角形！有的冰晶是平面的六角形角板状，有的则呈现出立体的六角形柱状，有的甚至长出了枝杈或羽毛，就像是一朵朵美丽的小冰花。冰晶能拥有这么多不同的外观，跟冰晶形成时的水汽含量和温度有密切关系。若是空气中的水汽含量高，则冰晶会长出细细长长的枝杈。而当温度越低，冰晶就容易变成平板或柱状体等样子。有时候，我们还可以找到十二角形的冰晶哦！这是因为两个六角形的冰晶依照一定的排列方式结合在一起所形成的。由于雪在落下的过程中，周围的温度和水汽含量会持续变化，因此冰晶的外形也会不断改变，就这样形成了各式各样的冰晶。据说，到目前为止，世界上还从未发现过任何两个完全一模一样的冰晶呢！

各式各样的冰晶。

看不出我身上的雪花这么漂亮吧！

是晴还是雨

　　清朝乾隆年间，安徽桐城派的学术声望很高，其中又以方苞和姚鼐两位大师特别有名气。虽然这两个人已经是学术大家，但他们却很喜欢斗嘴，常常为了一句话或一个典故而争论数日，彼此不肯退让。有一天，他们两个居然为了"梅雨"这个话题起了争执。

　　那时正是黄梅时节，两人相邀去城里的一家小酒店喝酒，酒足饭饱后两人聊到了黄梅季节究竟是晴天多还是雨天多。方苞说："黄梅季节，下雨的日子比放晴的日子多。"姚鼐却反对这个说法，认为："黄梅季节，放晴的日子比较多。"

　　于是，为了说服姚鼐，方苞开始引经据典："正所谓'黄梅时节家家雨'，这句话指的就是处处皆雨，雨区成片，连绵不断。以你的学问高度，难道没听说过？"

　　姚鼐听了也不生气，反而也引经据典："你说的是。但也有'梅子黄时日日晴'，说的是梅雨季节下雨不多，因此有'空梅''少梅'的说法。关于这些你难道不记得

了吗？"

　　就这样，两人都无话可说，只能怒目相视，僵持在那儿。

　　这时，在一旁的店主人听了两人的辩论，想要替两位大学问家排解纷争。幸好这位店主人的书也读得不少，于是他向两位先生说道："两位说得都不错，可惜的是你们忘了另外一句。你们听了，就不会吵架了。"

　　"究竟是哪一句？"方、姚二人着急地同时问道。

　　店主人微笑地吟出这句诗："'熟梅天气半阴晴'，这句话说的是梅雨天气有时阴雨有时放晴，原本就是晴、雨各半。"

　　听了这一句，方、姚两人哈哈大笑，终于握手言和了。

梅雨季节阴时多云偶阵雨，这边有爱心伞，请忘了带伞的客人自己来拿哦！

梅雨和锋面系统

梅雨又被称为"滞留锋面"，它和其他锋面一样都与冷、暖气团的发展有关。所谓的"气团"指的是一大团空气在地面或海面上停留一段时间后，它内部的温度和湿度等特性会渐渐趋向均匀。根据气团的发源地，可分为大陆性气团以及海洋性气团。又可根据气团本身的温度高低而分为"冷气团"和"暖气团"。当冷、暖气团交会后形成"锋面"，常常会带来不稳定的天气。当冷气团比较强大时，冷气团会切入暖气团下方，使暖气团被迫抬升，这时就形成了"冷锋"，冷锋容易造成强大的降雨。若是暖气团势力大，就会往冷气团推进，此时暖气团会爬升到冷气团上方，形成连续不断的阴雨天气。若是冷、暖气团差不多强，就会形成"滞留锋面"，也就是梅雨。

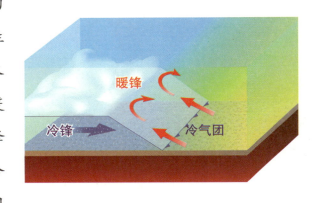

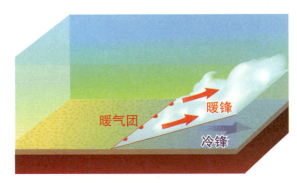

冷气团较强烈时（上图），会往暖气团的方向推进，形成冷锋，造成强大的降雨；暖气团较强时，会形成暖锋（下图），形成连绵细雨的天气。

梅雨是晴还是雨

梅雨发生的季节通常在每年的五月中旬到六月中旬之间，这时节正好是江南一带的梅子成熟期，因此被称为"梅雨"。梅雨开始的日子叫作"入梅"，结束的日子则被称为"出梅"。每年的入梅和出梅日期、梅雨季节的长短以及梅雨雨量的多寡都不一样。

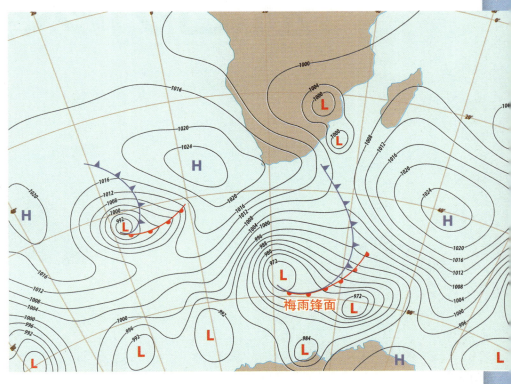

梅雨锋面

梅雨锋面并不是静止不动的，会因为冷、暖气团的势力消长而移动。因此，下梅雨的地点和时间就会不断改变。

各个地区的降雨状况也不尽相同。这些都和冷、暖气团的强度，以及锋面停留的时间有关联。因此才会发生方苞和姚鼐关于梅雨是晴还是雨的争论，而实际上他们引用的诗句也并不是指同一时间、同一地点的梅雨状况。此外，就算是在梅雨季节里也不是天天都在下雨，而是与梅雨锋面的位置有关系。当锋面靠过来时会下雨，锋面远离时就会放晴。而当锋面来来去去的，也就时晴时雨了。

梅子真好吃！

盘古开天地

很久很久以前，天和地是合在一起的，整个宇宙只是一团混沌。人类的老祖宗"盘古"就出现在混沌当中。没人知道他是怎么来的，只知道当他出现的时候，就一直在睡觉。

就这样过了十万八千年，某一天，盘古忽然醒了过来。他睁开眼，看到的却是一片漆黑，盘古心里感到相当气恼。

"哼！睡了这么久，好不容易醒来了，却什么也瞧不见。难道是我眼睛睡瞎了吗？这究竟是怎么回事！"

生气的盘古不知从哪儿抓来一把斧头，就朝着眼前猛力一挥。只听到一声霹雳巨响，混沌居然被盘古给劈开了。其中一些轻而清的东西开始冉冉上升，变成了天；另一些重而浊的东西则缓缓下沉，成为了地。盘古眼前就这样亮了起来。

"哎呀！一片清朗真是畅快。这才对嘛！我还以为我的眼睛坏了呢！"

盘古放下斧头，伸了个懒腰。很满意自己的成果。但很快，他发现事情不妙。

"咦？！怎么天跟地好像又要合拢啦？不行不行，这样下去，我又要看不见了。"盘古赶紧用手举着天，用脚撑着地，免得天地又混在一起。

就这样，盘古每天长高一丈，天和地之间的距离也增加了一丈。倏忽又过了十万八千年，天和地之间的距离越来越远了，盘古终于不用再担心一片混沌的景象了。

"站了这么久，真是累坏我了。好想……躺下来好好休息一下呀……"盘古终于支撑不住，轰然一声倒在地上。就在这时候，他的身体发生了很大的变化。他呼出的气成为了风，声音成为雷电，一只眼睛变成太阳，另一只眼睛变成月亮，手足立定大地的四极，血液流成江河，筋脉铺成道路，肌肉化为田土，头发散成天上的星星，汗毛成长为花草树木，牙齿和骨头也变成金属和宝石，就这样，盘古变成了我们眼前所看到的世界。

宇宙是如何生成的？

关于这个问题其实还没有准确答案，目前最流行的说法是"宇宙大爆炸"。这个理论认为在大约 138 亿年前，宇宙只是一个"小点"，而制造现在能看到的所有天体，包括星星、月亮、太阳等的"材料"都被挤压在这个小点里面。就在某一个时刻，这个小点再也无法忍受本身的压力，于是在一瞬间炸开了，这个瞬间就是时间的起点。过了 100 秒，宇宙中出现了一些很小很小的"颗粒"，科学家称之为"粒子"。之后，宇宙就不断地膨胀，爆炸当下所产生的高温也渐渐降低了。由于温度降低，某些粒子开始组合成气态物质，这些气体彼此吸引而聚集起来，形成了天空中一颗一颗的星星。当数不尽的星星联合在一起就成为了"星系"，以我们的银河系来说，其中就包含了数千亿颗星星哦！宇宙就是从一个小点开始，渐渐成为了囊括一切的无边空间。

宇宙的形成

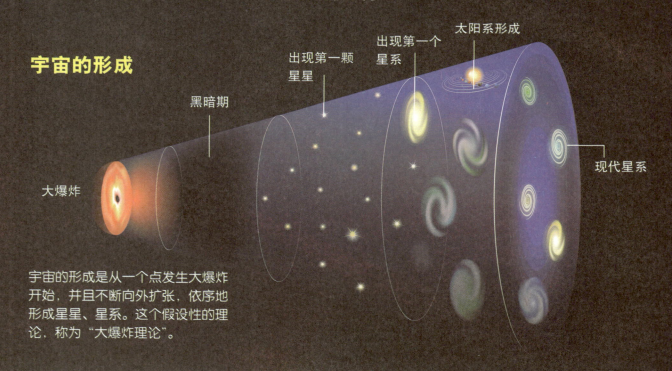

黑暗期　出现第一颗星星　出现第一个星系　太阳系形成　现代星系　大爆炸

宇宙的形成是从一个点发生大爆炸开始，并且不断向外扩张，依序地形成星星、星系。这个假设性的理论，称为"大爆炸理论"。

撑了好久，偶尔也该休息一下，哈哈哈哈！

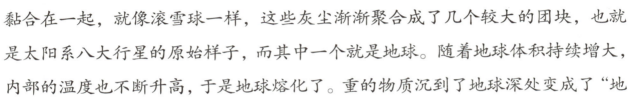

地球的生成

距今约 45 亿年前，当时的太阳系还只是充满气体和灰尘的一团"星云圈"，这些气体和灰尘不断绕着中心旋转，而中心就是最初的太阳。在旋转的过程中，有些灰尘彼此碰撞并黏合在一起，就像滚雪球一样，这些灰尘渐渐聚合成了几个较大的团块，也就是太阳系八大行星的原始样子，而其中一个就是地球。随着地球体积持续增大，内部的温度也不断升高，于是地球熔化了。重的物质沉到了地球深处变成了"地核"，而轻的物质则留在地球表层成了"地幔"和"地壳"。地球原始大气是如何形成的，到目前为止没有定论。有些理论认为，地球内部的水因高温而变成水汽飘到了空中，同时，地球又将太阳系中的一些气体吸收了过来，就这样形成了"大气层"。当地球开始降温，空中的水汽凝结成水滴降到地表，慢慢聚成了海洋。有了水，生命才能孕育出来。

地球的层圈结构

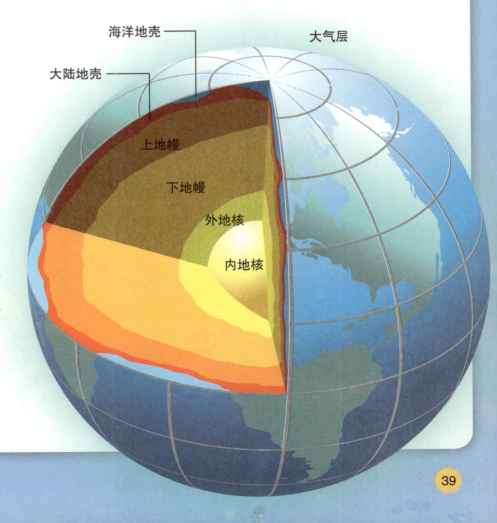

海洋地壳
大陆地壳
大气层
上地幔
下地幔
外地核
内地核

星星的由来

很久以前，夜空中是没有星星的。

某一天，天空突然裂开了一个大洞，无尽的冰雪不断由天洞落到人间，人们吓得躲在家里不敢出来。有个勇敢的年轻人名叫桑武，他冒着大风大雪到赖弄山上寻找"绿须老人"，请他解救百姓疾苦。

绿须老人慈祥地看着桑武说："勇敢的青年哪，带上这双手套，去乌溜山找一位姑娘，她可以帮你补天。若她不肯见你，你就用手套摇山，她就会出来了。"桑武接过手套，马不停蹄地赶往乌溜山。

到了乌溜山下，桑武找不到入口，只好在山下大喊："山上的姑娘！天皮破了，百姓受冻挨饿，请你和我一起去修补天皮吧。"可是，山里头却静悄悄毫无回应。

桑武想起绿须老人的话，立刻戴上手套用力摇山。瞬间山摇地动、尘土飞扬，

一个温柔的声音跟着响起："不要再摇了！我答应和你一起去修补天皮。"

尘埃落定后，桑武定睛一看，眼前站着一位头戴白巾的姑娘。白巾姑娘说道："可是我们必须先去南山找黑龙，北海找白龙。是这两只龙打架才让天皮破了洞，我们就拿黑龙角当槌子，白龙牙当钉子来补天吧。"

于是两人带着金钳子前往南山和北海。白龙和黑龙原本都避不见面，可是桑武戴上手套，将它们的巢穴弄得天翻地覆。两条龙受不了折腾，加上自己心虚，只好让两人取走了角和牙齿。

到了天上，白巾姑娘将头巾取下作为补天的布，又将一颗颗龙牙插在白巾四周，让桑武用龙角槌将龙牙钉牢。

漫天大雪总算停止了，百姓都跑出来欢迎桑武和白巾姑娘。

到了夜晚，原本黑暗的天空出现了一颗颗亮晶晶的东西，原来那些就是龙牙钉变成的星星！而白巾姑娘的头巾则成为了美丽的银河。

星星放光芒

在晴朗的夜晚，找个没有光的地方，一抬头就可以看见满天的星星，一闪一闪地在宁静夜空中唱着无声的歌曲。为什么星星能够发出光芒呢？要回答这个问题前，得先知道天空中的星星被分成三类，也就是"恒星""行星"和"卫星"。我们所看到的星星大部分都是恒星，它们会自己制造能量并放出热和光，这个过程叫作"核反应"。太阳就是一颗恒星，所以晒太阳时可以感受到温暖。其他恒星离我们太远，因此只能看到它们放出的光芒。

行星和卫星不会制造能量，因此无法自行发光，可是却能将恒星放出来的光线反射出去，这就是月亮这颗卫星为什么能"发光"的原因。而在傍晚或清晨时刻，偶尔可以在天空某个位置看到非常明亮的星星，这通常是太阳系中其他的行星，如金星、木星和火星反射太阳光而被我们看见。

木星

好不容易绑好的头巾，又要拆掉了。

金星

夜空中的星星大部分都是恒星，但有时也可以看见反射太阳光的行星，如金星和木星。

恒星的一生

　　会自行发光发热的恒星是不是永远都存在呢？不！恒星是有寿命的，只是它们的寿命都很长很长。最开始的恒星只是一团气体和尘埃。由于引力的作用，这些物质会往中心聚集，这个阶段称为"原恒星"。等到这些气体和尘埃聚成足够大的星体之后，就可以真正称为"恒星"，并且在恒星内部开始产生核反应。核反应是连续的爆炸过程，因此可以抵消物质往中心挤压的力量。此时，恒星的体积和亮度就维持稳定，恒星的一生有 90% 以上的时间都处在这个状态中。

　　随着时间演化，恒星外壳向外膨胀并不断变冷，表面温度大大降低，余温则让恒星变成红色，称为"红巨星"。当温度完全消失后，红巨星就会逐渐演变成"白矮星"，我们的太阳最后就会走上这条路。若是恒星的质量非常庞大，则当其核反应停止后，会成为"红超巨星"，紧接着就发生剧烈爆炸而变成"超新星"。最后，爆炸的残骸会变成"中子星"或神秘的"黑洞"。

原恒星

大质量恒星　　　　一般质量恒星

红超巨星　　　　　红巨星

超新星　　　　　　行星状星云

黑洞　中子星　　　白矮星

大部分恒星的寿命在 10亿—100 亿岁之间，但有些恒星的寿命很长，可以达千亿岁，而有些恒星却只能存活几百万年。

聪明的谋士

有位将军奉命平定叛乱，他带领大军到了叛军的窝藏地点附近扎营，准备隔天进行围剿行动。

当天傍晚，夜空中忽然出现一颗明亮的流星往都城的方向坠落。

将军心头突的一声。"不好！传说在大战前夕，流星要是坠落到哪一方，那一方就会打败仗。这样一来恐怕会影响我方军心士气。"

果然，将军到营区里转了一圈，四处都听到士兵在低声讨论着。

"你有没有看见那个？这是不是天神向我们暗示……"

"嘘！别说了！小心落了个扰乱军心的罪名！"

将军忧心忡忡地回到主帐，坐在帅案前沉思。这时，他的谋士走了进来，这位谋士号称"诸葛再世"，为人足智多谋。他一看见将军的脸色，立刻就明白了。

"将军在担心流星扰乱军心的事？"

将军猛然回神。"哦？难道先生有什么应对的办法了吗？"

谋士微笑着说道："办法是有，但得秘密进行。"

谋士附耳仔细陈述了他的计谋，将军听了后哈哈大笑。"好！不亏是诸葛再世，就这么办！"

接近凌晨时，将军突然发布全军集合的命令。一刻钟后，所有人已经在营地外集合完毕，等候将军到来。突然，有人大喊："看哪！那是什么？"所有人都看见了，在都城方向居然有一颗流星冉冉升起。

这时，将军出现了。"众将士！昨夜上天给了我一个启示，说快要天亮时，坠落的那颗流星会重新回到天上。现在你们都见到了，上天是站在我们这边的！我们一定可以打胜仗！"在全军的欢呼声中，将军下达了出击的命令。

原来，那颗流星是谋士准备好的天灯。他派了亲信到营后等待，在适当时机放出天灯。天灯升了空，远远看起来就好像是流星回到天上一样。他的计谋让军队士气大振，顺利击溃了叛军。

流星和陨石

"一道闪光划过天际，瞬间消失在夜空中。"这是大家对于流星的印象。究竟流星是怎么产生的呢？在太阳系中有许多大大小小的碎屑，这就是所谓的"流星体"，当它们经过地球附近时，会受到地球引力的影响而往地球地面落下。这些流星体以很快的速度通过大气层，与空气摩擦而燃烧并放出亮光。由于流星体通常都不大，因此很快就会燃烧殆尽，所以我们看到的流星总是一闪即逝。

大自然的景象真是变幻莫测呀！

2016 年的英仙座流星雨

有时候，体积较大或是金属含量较高的流星体不会被完全燃烧掉，而是掉落到地面上成为"陨石"。根据成分，陨石可分为"石质陨石""铁质陨石"与"石铁陨石"，大部分陨石都是石质陨石。目前世界上最大的石质陨石为我国的"吉林一号"陨石，重约 1.77 吨。最大的铁质陨石则出现在非洲纳米比亚，重达 60 吨。要是不幸被这些陨石击中，可能会没命呢！

在非洲纳米比亚的霍巴陨石，是重达 60 吨的铁质陨石。

🔍 满天星雨

　　平常所看到的流星都是单独一颗，出现的时间和方向也不固定，而每小时可以看见的流星数量只有十颗左右。不过，在一年中的某几个日期前后，可以看到非常多的流星从某个星座向四周大量的"挥洒而出"，这就是所谓的"流星雨"。流星雨的成因和"彗星轨道"有关。彗星轨道上有大量碎片，当地球经过彗星轨道时，这些碎片进入地球大气层后就会产生非常多的流星。由于地球和彗星都有固定的绕日轨道，因此流星雨会在每年固定的日期发生。

　　几乎每年都会发生的流星雨是英仙座流星雨，它的高峰期出现在每年8月12日，每分钟至少可以看见一颗流星。而另一著名的流星雨是狮子座流星雨。狮子座流星雨的高峰期大约在每年11月17日，流星数量相比较其他著名流星雨是比较小的，但每隔33年，狮子座流星雨会成为最为壮观的流星雨——每小时数千颗流星的"流星暴"，仿佛整个天空的星星都要掉下来了！

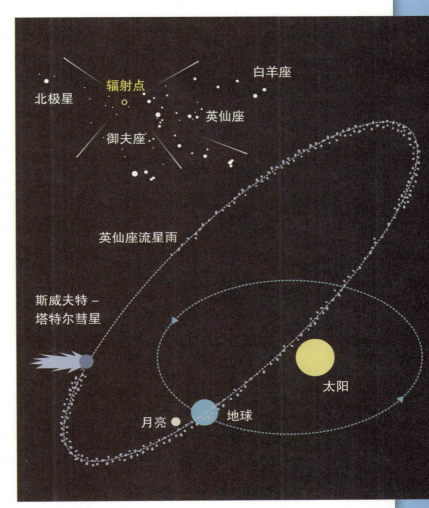

北极星　辐射点　白羊座

御夫座　英仙座

英仙座流星雨

斯威夫特－
塔特尔彗星

月亮　地球　太阳

英仙座流星雨

　　流星雨的形成通常与彗星有关。彗星的轨道上有许多碎屑，而当地球通过彗星轨道时，大量碎屑就会被地球所吸引，经过大气层而燃烧成为密集的流星。

牛郎和织女

　　古时候有一位牧童叫作牛郎，他的工作就是每天带牛群去牧场吃草。有一天，牛郎安顿好牛群后觉得口渴，于是就往河边走去。

　　"奇怪，这里这么偏僻，怎么有嬉笑的声音呢？"

　　牛郎偷偷躲在一块大石头后面，探头看去。原来，有七个女孩子正在河里踏水嬉闹，而她们的鞋子都放在岸边。

"哇，那位穿彩衣的女孩儿长得真好看！"

牛郎心生一计，决定将她的彩鞋拿走，替自己制造认识新朋友的机会。过了一会儿，七个女孩儿上岸了。

"奇怪！我的鞋子呢？"那位彩衣女孩儿疑惑地问着同伴们。

"织女，是不是你忘在别的地方啦？"

这时，牛郎从石头后走了出来，手上拿着织女的彩鞋。

"你好，我叫牛郎，我刚刚在石头边捡到这双鞋，不知道是不是你的？"

织女害羞地从牛郎手中拿过鞋子，道谢后就赶紧穿上了。

牛郎说："你长得真美，如果可以，我们能不能当朋友？"

在其他女孩儿的鼓励之下，织女腼腆地答应了。从此，牛郎和织女就成了好朋友，彼此也渐渐有了情意。最后，织女甚至嫁给了牛郎，生了两个孩子。

没想到，王母娘娘知道这件事后非常生气。原来，织女是她的婢女，负责替她编织云彩。现在织女居然不告而别，私自下嫁给一个凡人。于是王母娘娘派了两位仙女将织女押回天庭。

就这样，织女被强行带走了。牛郎带着两个孩子在后面努力追赶，喊着："织女！织女！等等我呀！你们放开我的妻子啊！"

就在牛郎快要追上时，王母娘娘现身了。她拿出金钗在两人之间画出一条天河，从此牛郎在河东，而织女在河西，再也无法相聚。两人只能在每年七夕通过喜鹊搭建起来的"鹊桥"见上一面。

夏季大三角

晴朗的夏日夜晚，抬头往上瞧一瞧，会发现银河西边有一颗星特别明亮，这就是属于"天琴座"的"织女星"。织女星是0等星，在它的旁边还有一个平行四边形，就是天琴座的"琴弦"。稍微往天琴座的东方找一找，会发现一颗一等星，是"天鹅座"里的"天津四"。天津四正好是天鹅座的"尾巴"呢！找到了织女星和天津四后，再往南看，应该可以在银河对岸看到属于"天鹰座"的一等星"牛郎星"。牛郎星两侧分别有两颗四等星，据说就是牛郎和织女的两个孩子。将牛郎星、织女星，和天津

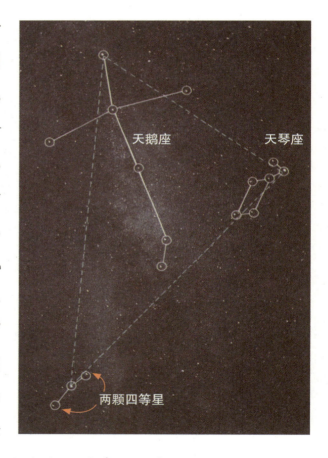

四连起来，会出现一个大大的三角形，被称为"夏季大三角"。对于刚开始辨认星座的新手来说，找到夏季大三角是相当重要的。靠着其他星座和夏季大三角的相对位置，就可以轻松地辨认出夏季夜空中的其他星座喽！

星星的亮度——星等

要学会辨认星座，还有另一个重要的功夫，就是认识星星的亮度。星星的亮度与距离、大小和表面温度有关。当星星离我们越近、体积越大、表面温度越高时，所发出的光线就越强。一开始，天文学家将肉眼可见的星星分成 1～6 个星等，每个星等之间的亮度差异为 2.512 倍，而星等越低代表亮度越高。也就是说一等星比二等星亮 2.512 倍，二等星又比三等星亮 2.512 倍，依此类推，则一等星的亮度就恰好是六等星的 100 倍。夜空中属于一等星的星星有 21 颗，其中包含前面所提到牛郎星和天津四。后来，天文学家又发现有的星星亮度比一等星还亮，于是只好另外命名为 "0 等星" 和 "–1 等星"。–1 等星的数量只有一颗，就是 "天狼星"，是天空中除了太阳最亮的恒星。

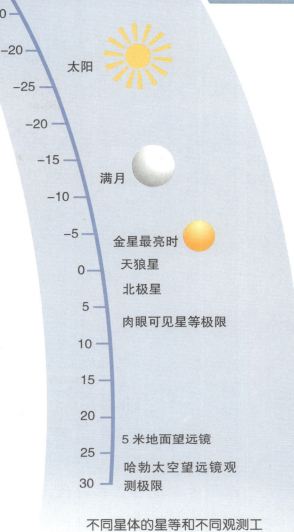

不同星体的星等和不同观测工具可以观测到的极限。

天狼星

全天空除了太阳最亮的恒星就是天狼星，是冬季星座 "大犬座" 的 "脖子"。

两个太阳

在很古老很古老的时代，天上是没有月亮的。当时，天上只有两个太阳，它们轮流在天空普照大地。冬天的时候，一整天太阳都挂在天空或许还不要紧，但到了夏天，当一个太阳把大地照得红彤彤、热烘烘之后，另一个太阳又升起来了，继续照耀大地，造成大地草木干枯、河水干涸。

辛勤耕种的人们向两个太阳诉苦，求它们不要这样暴晒大地。不过，两个太阳还是依然我行我素，完全不理会人们的请求。在这样酷热的天气下，一个孩子被活生生地晒死了，孩子的父母悲痛万分。

有一天，村民看见孩子的爸爸准备好全部的行囊，一副要出远门的样子，他们问："萨奇，你拿这么多行李，又带了弓箭，要去哪里呢？"

萨奇说："我要去射下太阳，为我的孩子报仇。"

村民们听了惊恐地说不出话来，过了一阵子，才有人默默地说："这样做不太好吧！它们可是养育万物的神祇啊！"

萨奇大声说："它们这样把大地晒得寸草不生，还有资格当神祇吗？"最后，萨奇就在村民的唏嘘下出门远行了。

由于太阳升起的地方在大地的尽头，萨奇走了好久好久才走到那个地方。萨奇仔细观察，算准了太阳升起的时间，准备在它一升起来的时候就射下它。

这天，萨奇报仇的日子来了。其中一个太阳一如既往地升起，山头立刻被照得亮闪闪的。就在太阳还伸着懒腰的时候，"咻"的一声，只见一支箭直奔太阳而去。

原本这支箭是向太阳的额头而去，但它受到惊吓，闪躲了一下，于是，这支箭就射到它的眼睛里了。它又惊又痛，抱着眼睛直叫，因为受了重伤，光芒迅速减弱。就这样，它就变成那颗我们熟悉的光线柔和、没有热量的月亮了。

燃烧的大火球——太阳

　　我们的太阳是一颗恒星，诞生于 46 亿年前，现在正处于它的中年阶段。太阳里面有 3/4 是氢气，这种气体是一种燃料，让太阳能够持续燃烧，不断产生光和热。太阳所产生的热量使它的表面温度高达 6000℃，核心温度更高达 10000000℃以上。太阳表面有时会出现一些"黑子"，这是温度较低的区域，约为 3000℃～4000℃左右，所以看起来会比较黑暗。关于黑子为何会形成，至今尚无确定的答案，有人认为是跟太阳磁场有关。

　　科学家估计太阳还有 50 亿年的寿命，当它的氢气燃料用光后，就会膨胀成为"红巨星"。到时，地球很可能会被太阳给吞噬掉。就算地球能保住，地球上的水也会全部沸腾，大气层消失殆尽，因此地球上所有的生物可能都会死去。不过也不用太担心，50 亿年可是相当久的时间呢！

太阳黑子

　　有些太阳黑子是肉眼可以直接看见的。但要记得要先戴上墨镜，千万不可直视太阳，不然眼睛会受伤的。

陪伴地球的月球

月球是地球的卫星，科学家分析了月球岩石，发现月球形成于45亿年前，且很可能是地球所"生出来的小孩儿"。这派说法认为——就在地球形成后没多久，曾经遭受一颗如火星般大小的天体撞击。当时地球被直接击中，而地球所喷洒出的碎片就形成了月球。月球表面的起伏很大，拿起望远镜瞧瞧月亮的"正面"，可以看见一片黑暗的部分，这就是月球的盆地，我们称之为"月海"。其他明亮的区域则是高地。

由于月球不像地球拥有大气层能保护自己，因此从它形成至今一直受到其他天体撞击，在月球表面产生了许多大大小小的陨石坑。据说，仅在月球正面直径大于1千米的陨石坑就有30万个！其中"第谷坑"的直径达85千米，深度达4600米！月球的引力只有地球的1/6，因此若有一天能到月球登山或攀岩，应该会比在地球轻松许多哦。

第谷坑

由于月球的自转和公转的周期一样，因此月球总是以这个面朝向地球，被称为"月球正面"。在月球正面可以看见黑暗的月海，亮白色的高地，以及巨大的陨石坑"第谷坑"。

这样变得凉凉的，感觉也蛮舒服的！

扫一扫，看视频

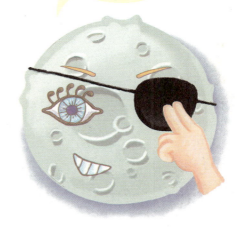

俄里翁和毒蝎子

古希腊有一位非常强壮的猎人名叫俄里翁，他是海神波塞冬的儿子。他有一只相当忠心的猎犬，两个伙伴总是形影不离。

有一天，他们遇到了一只大山狮。俄里翁拿出弓箭，瞄准山狮的肚子射了出去。"哎呀！山狮带箭跑了！快去追！"

他的猎犬一马当先地冲了出去，就在快要追上受伤的山狮时，山狮忽然奋力反扑，和猎犬打了起来。

"可恶的家伙，吃我一剑！"随后赶来的俄里翁加入战局，从腰间拔出镶有红宝石的宝剑，猛力朝山狮刺了过去。就这样，俄里翁和猎犬合力把巨大的山狮给击倒了！

"哈哈哈！我们真是全天下最棒的拍档！这个世界上的所有野兽都不是我的对手！"

俄里翁的骄傲让天后赫拉很不高兴，于是她派出一只巨蝎去挑战俄里翁。

"快看！这是什么怪物？我从没看过这么巨大的蝎子！"俄里翁虽然惊讶，却一点儿也不害怕，反而还有一点高兴，因为又有机会证明自己的能力了！

俄里翁和他的猎犬合力围攻这只蝎子，可是，这只蝎子属于天后，自然不是俄里翁能轻易击败的。虽然俄里翁和猎犬对蝎子造成了极大的伤害，但最后，俄里翁还是不慎被蝎子的尾刺给刺中，因而毒发身亡。他的猎犬很伤心，就这样一直陪伴在主人尸体旁边不肯离去，最后也因饥寒交迫而去世了。

天神宙斯对于这对患难与共的伙伴很是敬佩，就把俄里翁放到天上成为了"猎户座"，又把他的猎犬放到他身边成为"大犬座"，至于那只巨蝎也变成了"天蝎座"。只是，天蝎害怕猎户寻仇，因此每当猎户座出现在东方地平线上时，天蝎就会赶紧由西方消失，直到猎户在西方落下后，天蝎才敢从东方出现。

猎户座大星云 M42

猎户座俄里翁。其腰带上的宝剑
镶嵌了一颗红宝石，正是 M42 星云。

看似云雾的星云

　　星云是弥漫在星球和星球间像云雾般的物质，主要是由气体和灰尘聚集在一起所形成的。星云有各种成因，科学家便根据其成因将星云分成"发射星云""行星状星云"和"超新星遗迹"。发射星云不具有固定形状，是宇宙灰尘集合在一起所形成的。在星云附近若有高温而明亮的星星，那么星云中的气体便会受到星球光线的影响而发出亮光。故事中主角俄里翁的宝剑上有一颗红宝石，其实就是一个发射星云，被称为"猎户座大星云 M42"。行星状星云和超新星遗迹都是恒星死亡后所产生的星云，差别在于行星状星云是由小型恒星死亡后所抛出的灰尘所形成，而超新星遗迹则是由巨大恒星发生爆炸所产生。前者如"天琴座"的"环状星云 M57"，后者如"金牛座"的"蟹状星云 M1"。

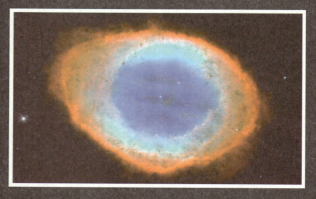

天琴座的环状星云 M57。外形扁圆，中心偏暗，像
个甜甜圈似的。

蟹状星云 M1。由于是超新星爆炸所产生，因此具
有相当高的能量和亮度。

恒星的集团——星团

星团和星云不同，星团是由很多颗恒星集合在一起所形成。依照星团里面的恒星数量和年龄，又可分成"球状星团"和"疏散星团"。球状星团拥有数万颗到数百万颗的恒星，外观大致呈现圆形，其中的恒星大多为老年恒星。我们的银河系中

半人马座的奥米茄星团

大约有150个球状星团，其中最大也最明亮的就是半人马座的"奥米茄星团"。在望远镜尚未发明以前，奥米茄星团还曾经被误认为是一颗星星呢。

疏散星团的恒星数量较少，仅有数十至数千颗，形状也较不固定，其中的恒星通常都很年轻。银河系中有1000多个疏散星团，其中最有名气的就是金牛座的"昴宿星团"，由于其中有七颗星星特别明亮，因此又被称为"七姐妹星团"。这七姐妹中有两位是"变光星"，意思是这两颗星星的亮度会不断改变，古代中国的占星术中将这两颗星视为"妖星"，占星家会使用它们的亮度变化来占卜国运的吉凶呢！

可恶的天蝎，最好不要让我遇到，不然我一定好好修理你。

金牛座的昴宿星团

昴宿星团是疏散星团，亮度非常明亮，裸眼就可以看到。肉眼通常可以看到九颗亮星。

无底洞

古时候，有一个人名叫阔嘴，不知什么原因，他从小就非常能吃，有时一顿饭吃了一头牛还不觉得饱。由于他的食量很大，又常常付不起钱，因此许多客栈都不欢迎他。

有一天，阔嘴又跑到一间客栈里准备大吃大喝。

"阔嘴哥，您还是去别家吧。我们这家店小，容不下你的大肚量啊。"阔嘴就这样被店小二赶了出来，他只好到另一家酒馆去碰运气。没想到，整个城里的老板都联合起来了，没有人欢迎他到自己的餐厅里吃饭。

阔嘴很生气，他决定给这些坏老板一个教训。他跑进每一家餐厅的厨房里，不管看到什么就抓起来塞进嘴巴里。

"哎呀！你这个可恶的家伙，快放下我家的猪肉！"

"不可以！这是客人晚上预订的烤鸭啊！你快还给我！"

每一家餐厅就这样被阔嘴闹得鸡飞狗跳，不得安宁。眼看着城里的几十家餐厅的粮食都快被阔嘴吃光了，但却没有人能阻止他。

这时，一位极有道行的和尚经过这个城镇。"咦？这个人不对劲！"和尚赶紧拿出木鱼，跑到阔嘴面前用力敲了下去。阔嘴被这突如其来的声响吓到张开了大嘴，和尚立刻将一粒丹药塞进了阔嘴的嘴里。

阔嘴吞了药丸后就开始呕吐，把刚刚吃的所有东西都吐了出来，却还是停不下来。他不停地干呕，最后，他吐出了一团黑气，被和尚用收妖瓶给吸了进去。

大家惊讶地看着昏倒在地上的阔嘴，和尚对镇民说："这个妖孽叫作无底洞，最喜欢吃天下美食。三十年前他被我打伤后就逃跑了，原来是躲进了这个人的体内。现在被我收服，这个人应该也可以恢复正常了。"

阔嘴清醒后，终于不用再大吃大喝，这个城镇总算获得了安宁。

大口吞吃一切的黑洞

在我们的宇宙中，的确有一种怎么也吃不饱的无底洞，叫作"黑洞"。黑洞是宇宙中的一种天体，质量非常巨大，因此拥有一股强烈的吸引力，能吸收接近黑洞周围的所有物质，甚至连光线都无法逃脱它的掌握。由于像个无底洞一样能吞吃一切，而且不会发出任何光线，因此科学家就将这种像陷阱一样的天体称为黑洞。我们很难用一般方法搜寻到黑洞的位置。不过，当黑洞在吸收物质时，各种物质会互相摩擦而放热，最终使温度高达数百万度，并放射出"X光"。因此，科学家就利用人造卫星来侦测这种不稳定的X光源，从而找到黑洞。离地球最近的黑洞被编号为V404，就位于天鹅座的左翼上。幸好，这个黑洞离地球很遥远，因此不用担心地球会被它给吞吃掉喽。

科学家想象黑洞正在吞吃一颗星星。实际上，以目前的科技还无法看见黑洞的样子，只能推测它可能具有一个不断旋转的圆盘和深不见底的中心。这个圆盘主要是由被吸引而来的气体所构成。气体往中心盘旋，使中心产生高温而喷射出强力的X光线。

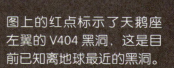

. v404 黑洞

图上的红点标示了天鹅座左翼的 V404 黑洞，这是目前已知离地球最近的黑洞。

超新星爆炸

神秘的黑洞究竟是如何形成的呢？科学家认为超新星爆炸是形成黑洞的主要原因。超新星爆炸是巨大恒星结束生命的一种方式。当这种比太阳大好几十倍的恒星到了年老阶段，它产生能量的速度会加剧，因此会不断膨胀，而星球表面则因为温度降低而变成红色，就被称为"红超巨星"。天蝎座的心脏"心宿二"就是一颗标准的红超巨星，它的直径是太阳的800多倍！由于红超巨星的质量太大了，因此重力也非常强，最终这股向内吸引的力量会让红超巨星塌陷而发生爆炸，也就是超新星爆炸。爆炸过后的残骸可能会变成黑洞或者"中子星"。历史上著名的超新星爆炸发生在我国的宋朝，当时的天文学家还特别记录这件事情，并称之为"天关客星"，实际上就是"金牛座"里的"蟹状星云"。最近特别受到关注的超新星爆炸事件则分别发生在1987年和2006年。

大麦哲伦星云

1987年2月24日，大麦哲伦星云出现了一次超新星爆炸，爆炸后几个小时就被天文学家所发现。这是近400年来第一颗只用肉眼就可见到的超新星爆炸事件。

我要吃，我要吃，我要吃吃吃！

小牛顿 科学与人文

成语中的科学（全6册）

中国源远流长的五千年文明，浓缩发展出了充满智慧的成语。在这些成语背后，其实有着与其息息相关的科学知识。本系列将之分为植物、动物、宇宙、物理、化学、地理、人体等多个领域。根据每则成语的出处背景或意义，编写出生动有趣的故事，搭配精细的图解，来说明成语背后所蕴含的科学原理，让孩子在阅读成语故事时，也能学习科学知识！

内容特色：

1. 涵盖植物、动物、宇宙、物理、化学、地理、人体等七大领域。

2. 用 90 个主题、180 个细分科学知识点来讲解，近千幅全彩高清插图配合知识点丰富呈现，内容翔实有深度。

3. 配以 23 个有趣的科学视频进行拓展，扫描二维码即可快捷观看，利用多媒体延伸阅读。

4. 将"科学"与"人文"相结合，将科学的触角伸入更多领域，使科学更生动、多元、发散。

全套 6 册精彩内容
90 个成语
180 个科学知识点
23 个科学视频

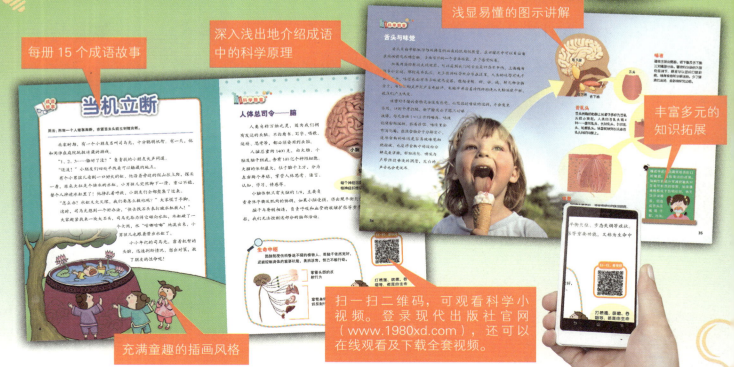

每册 15 个成语故事

深入浅出地介绍成语中的科学原理

浅显易懂的图示讲解

丰富多元的知识拓展

充满童趣的插画风格

扫一扫二维码，可观看科学小视频。登录现代出版社官网（www.1980xd.com），还可以在线观看及下载全套视频。

小牛顿 科学与人文

故事中的科学（全6册）

故事除了有无限丰富的想象力，还可以带给孩子什么启发呢？本系列借由生动的故事，引发儿童的学习动机，将科学原理活泼生动地带到孩子生活的世界，拉近幻想与现实的距离，让枯燥生涩的科学知识染上缤纷色彩。本系列分成动物、植物、物理、化学、地理、宇宙等领域，让孩子在阅读过程中，对科学知识有更系统性的认识，带领孩子从想象世界走进科学天地。

内容特色：

1. 涵盖动物、植物、物理、化学、地理、宇宙等六大领域。
2. 用 90 个主题、180 个细分科学知识点来讲解，近千幅全彩高清插图配合知识点丰富呈现，内容翔实有深度。
3. 配以 24 个有趣的科学视频进行拓展，扫描二维码即可快捷观看，利用多媒体延伸阅读。
4. 将"科学"与"人文"相结合，将科学的触角伸入更多领域，使科学更生动、多元、发散。

全套 6 册精彩内容
90 个故事
180 个科学知识点
24 个科学视频

深入浅出地介绍故事中的科学原理

扫一扫二维码，可观看科学小视频。登录现代出版社官网（www.1980xd.com），还可以在线观看及下载全套视频。

每册 15 个趣味故事

充满童趣的插画风格

丰富多元的知识拓展

浅显易懂的图示讲解

版权登记号：01-2018-2126

图书在版编目（CIP）数据

孙悟空为什么难灭火焰山的火？：故事中的天文地理/小牛顿科学教育有限公司编著.
—北京：现代出版社，2018.6（2021.5 重印）
（小牛顿科学与人文.故事中的科学）
ISBN 978-7-5143-6943-4

Ⅰ. ①孙…　Ⅱ. ①小…　Ⅲ. ①天文学—少儿读物②地理学—少儿读物　Ⅳ. ① P1-49
② K90-49

中国版本图书馆 CIP 数据核字（2018）第 054662 号

本著作中文简体版通过成都天鸢文化传播有限公司代理，经小牛顿科学教育有限公司
授予现代出版社有限公司独家出版发行，非经书面同意，不得以任何形式，任意重制转
载。本著作限于中国大陆地区发行。

文稿策划：苍弘萃、林季融
插　画：陈志鸿　P4、P5、P7、P32、P33、P35、P40～42、P44～46
　　　　许世模　P14
　　　　周巍恩　P16、P17、P19、P60、P61、P63
　　　　杨雅涵　P20、P21、P23、P24～26、P28、P29、P31、P36、P37、P39、P52、P53、P55～P57、
　　　　　　　　P59
　　　　张彦华　P6、P30
照　片：Shutterstock　P6～15、P18、P19、P22、P23、P26、P27、P30、P31、P34、P35、P38、P39、
　　　　P42、P43、P46～51、P54、P55、P58、P59、P62、P63

孙·悟空为什么难灭火焰山的火？
故事中的天文地理

作　　者　小牛顿科学教育有限公司
责任编辑　王　倩
封面设计　八　牛
出版发行　现代出版社
通信地址　北京市安定门外安华里 504 号
邮政编码　100011
电　　话　010-64267325　64245264（传真）
网　　址　www.1980xd.com
电子邮箱　xiandai@vip.sina.com
印　　刷　三河市同力彩印有限公司
开　　本　889mm×1194mm　1/16
印　　张　4.25
版　　次　2018 年 6 月第 1 版　2021 年 5 月第 4 次印刷
书　　号　ISBN 978-7-5143-6943-4
定　　价　28.00 元